BEI GRIN MACHT SICH IHR WISSEN BEZAHLT

- Wir veröffentlichen Ihre Hausarbeit, Bachelor- und Masterarbeit

- Ihr eigenes eBook und Buch - weltweit in allen wichtigen Shops

- Verdienen Sie an jedem Verkauf

Jetzt bei www.GRIN.com hochladen und kostenlos publizieren

Yannick Lowin, Daniel Lüchow, Stefan Mirsch

Statistische Analysen der Vorschläge der Hartzkommission, ihre Realisierung und ihre Auswirkungen auf dem Arbeitsmarkt

GRIN Verlag

Bibliografische Information der Deutschen Nationalbibliothek:

Die Deutsche Bibliothek verzeichnet diese Publikation in der Deutschen National-bibliografie; detaillierte bibliografische Daten sind im Internet über http://dnb.d-nb.de/ abrufbar.

Impressum:

Copyright © 2009 GRIN Verlag, Open Publishing GmbH
Druck und Bindung: Books on Demand GmbH, Norderstedt Germany
ISBN: 978-3-656-16373-2

Dieses Buch bei GRIN:

http://www.grin.com/de/e-book/191463/statistische-analysen-der-vorschlaege-der-hartzkommission-ihre-realisierung

GRIN - Your knowledge has value

Der GRIN Verlag publiziert seit 1998 wissenschaftliche Arbeiten von Studenten, Hochschullehrern und anderen Akademikern als eBook und gedrucktes Buch. Die Verlagswebsite www.grin.com ist die ideale Plattform zur Veröffentlichung von Hausarbeiten, Abschlussarbeiten, wissenschaftlichen Aufsätzen, Dissertationen und Fachbüchern.

Georg-August-Universität Göttingen
Sozialwissenschaftliche Fakultät
Seminar für Soziologie
Wirtschafts- und Sozialstatistik (860981)
Wintersemester 2009/ 10

„Statistische Analysen der Vorschläge der Hartzkommission, ihre Realisierung und ihre Auswirkungen auf dem Arbeitsmarkt "

14.11.09

Lowin, Yannick   2-Fächer Bachelor

Lüchow, Daniel   2-Fächer Bachelor

Mirsch, Stefan   2-Fächer Bachelor

Inhaltsverzeichnis

Einleitung

Das Grundproblem, dem sich die Bundesregierung im Jahre 2002 konfrontiert sah, war die steigende Arbeitslosigkeit. Als wesentliche Quelle dafür wurden Strukturprobleme ausgemacht. Zudem wurden seitens der Institutionen des Arbeitsmarktes falsche Reize gesetzt und Reformen auf dem Arbeitsmarkt verschlafen. Zur Behebung der Probleme wurde die Hartzkommission eingesetzt. Sie sollte die Grundlagen für die notwenigen Reformen ausarbeiten.

„Wir werden Leistungen des Staates kürzen, Eigenverantwortung fördern und mehr Eigenleistung von jedem abfordern müssen". Diesen Satz formulierte Gerhard Schröder nachdem er seine Agenda 2010, deren Kernstück die Hartz-Gesetze sind, der Öffentlichkeit präsentierte. Dieses Konzept des aktivierenden Sozialstaates findet sich in der bekannt gewordenen Formel des „Förderns und Forderns" wieder.

Es sollte also eine neue Balance zwischen staatlich organisierter Unterstützung einerseits und der Eigeninitiative der Bürgerinnen und Bürger andererseits hergestellt werden.

Wir wollen nun mit unserer Arbeit einen kurzen Überblick über die Vorschläge, die Umsetzungen und die ersten Ergebnisse des von der Hartzkommission entwickelten Konzepts zur Reform des deutschen Arbeitsmarktes geben. In einem ersten Schritt sehen wir uns daher die, unserer Meinung nach, wichtigsten Reformvorschläge an. Wir wollen dann in einem zweiten und gleichzeitig dritten Schritt darstellen, inwieweit diese Vorschläge Einzug in die vier Hartz-Gesetze erhalten haben und welche konkreten Auswirkungen sie nach sich zogen.

Es bleibt aber schon im Vorfeld festzuhalten, dass die Wirkungen der arbeitsmarktpolitischen Instrumente auf die Integration von Arbeitslosen in den Arbeitsmarkt, die mit Hilfe mikroökonometrischen Analyseverfahren untersucht wurden, nur begrenzt Aussagen über die tatsächliche Wirkung zulassen. Zentrales Erfolgskriterium mit Blick auf die erzielten Wirkungen ist die Eingliederung in die Erwerbstätigkeit. Wie bei allen empirischen Untersuchungen gibt es allerdings Grenzen der Belastbarkeit der Ergebnisse. Insbesondere die Messung der Effizienz und der makroökonomischen Wirkungen stehen methodisch erst am Anfang.[1]

Um die Hartz-Gesetze angemessen analysieren zu können, bedarf es einer möglichst umfassenden Lektüre unterschiedlicher Analysen und Statistiken. Die Basis dieser Arbeit

---

[1] Beispiel hierfür ist der bekannte Indikator der Arbeitslosenquote, welche keinem einheitlichen Konzept folgt. Mittlerweile gibt es sogar zwei Varianten in der Berechnung dieser Quote. Dies soll nur ein Hinweis darauf sein, das Statistik nicht per se die Wirklichkeit abbildet.

stellen DIW-Wochenberichte, sowie Vierteljahreshefte und WSI-Mitteilungen dar. Hinzu kommen Statistiken und Daten von der OECD und verschiedene Hefte der Zeitschrift: Aus Politik und Zeitgeschichte, sowie Berichte von Bundesministerien.

1. Die Hartz-Kommission und ihre Vorschläge

Im Zentrum der Reformvorschläge der Hartzkommission steht das Leitbild einer aktivierenden Arbeitsmarktpolitik. Auf diese Weise sollen Arbeitslose in die Lage gebracht werden, stärker selbst tätig zu werden. Damit Arbeitssuchende dies überhaupt können, will der Staat im Gegenzug die Rahmenbedingungen verbessern. So sollen vor allem eine gute Beratung und Betreuung, sowie die materielle Absicherung gegeben sein.[2]

Ein großes Augenmerk wird dabei auf die Neustrukturierung der Bundesanstalt für Arbeit gelegt. Hierbei liegt der Schwerpunkt auf einer Dezentralisierung und Ausweitung der Budgetkompetenzen. So soll auch eine regionale Ausrichtung vorangetrieben werden.

Um die Effizienz zu steigern, werden verbindliche Ziele vorgegeben, die die neuen Arbeitsagenturen zu erfüllen haben und die regelmäßig überprüft werden sollen. Diese Controllingaufgaben werden künftig ausschließlich von der Zentrale und den Arbeitsagenturen wahrgenommen. Im Zentrum des Aufgabenspektrums der neuen Arbeitsagenturen, die als moderne Dienstleistungsbetriebe funktionieren sollen, stehen Vermittlung und Integration.[3]

Neben den bisherigen Aufgaben, die das ehemalige Arbeitsamt innehatte, wird den neuen Agenturen eine Fülle neuer übertragen. Die daraus hervorgehenden Jobcenter bedienen daher auch alle arbeitsmarktrelevante Beratungs- und Betreuungsleistungen. Darunter fallen unter anderem die Leistungen der Sozial-, Jugend-, und Wohnungsämter sowie die Sucht- und Schuldnerberatung. Als innovatives Hilfsmittel soll dabei vor allem die neue Informationstechnologie dienen, da sie alle Geschäftsprozesse unterstützt, bei deren Koordination hilft und eine bundesweit verfügbare und einheitliche Datensicherung für alle Fachanwendungen gewährleistet. Daneben könnte auf diese Weise der öffentliche Zugang zu Informationen und Dienstleistungen der Bundesagentur für Arbeit via Internet her- und Selbstinformationseinrichtungen bereitgestellt werden.[4] Durch diese Neuorganisation

---

[2] Vgl. Peter Hartz et al.: Moderne Dienstleistungen am Arbeitsmarkt. Vorschläge der Kommission zum Abbau der Arbeitslosigkeit und zur Umstrukturierung der Bundesanstalt für Arbeit, Berlin 2002, S. 19.
[3] Vgl. Ebenda.
[4] Vgl. Ebenda, S. 31.

versprechen sich die Macher der Vorschläge eine Entlastung der Fachkräfte – welche mit einer größeren Eigenverantwortung versehen werden – und eine Reduzierung der Betreuungsquote.[5] Darüber hinaus soll das Jobcenter künftig auch als Schnittstelle zu den neu zu schaffenden PSA (Personal Service Agenturen) fungieren. Diese wiederum – so die Idee - organisieren eine betriebsnahe Weiterbildung und leisten die Integration schwer vermittelbarer Arbeitsloser. Tätig werden sie im Auftrag der Arbeitsagentur und tragen so direkt zum Abbau der Arbeitslosigkeit bei. Denn das Konzept der Hartzkommission sieht vor, dass die PSAs Einstellungsbarrieren überwinden, in dem sie als eine Art Leih- bzw. Kurzarbeitsfirma Arbeitslose in den ersten Arbeitsmarkt integrieren.[6] Sie stellen also Arbeitslose ein und verleihen sie daraufhin an Unternehmen.

Die Verpflichtung des Arbeitslosen zur Aufnahme einer Beschäftigung in der PSA ergibt sich aus geografischen, materiellen, funktionalen und sozialen Kriterien der Zumutbarkeit. Diese wurden ebenfalls neu formuliert. Die Ablehnung von einer zumutbaren Arbeit hat Leistungskürzungen zur Folge.[7] Auch eine zu späte Auskunft eines Arbeitslosen über seine Situation zieht Leistungskürzungen nach sich.

Ein zweiter großer Punkt der Reformvorschläge bezieht sich auf das Nebeneinander zweier Sozialleistungssysteme. Dieses führe nach Ansicht der Kommission zu „erheblichem Verwaltungsaufwand und Intransparenz".[8] Zukünftig sollen die Leistungsempfänger nur noch von einer zentralen Stelle betreut werden. Arbeitslosen- und Sozialhilfe werden auf diese Weise zusammengelegt, wodurch es in Zukunft nur noch drei Arten von Leistungen geben soll: Zum einen wäre dies das Arbeitslosengeld I (ALG I). Dabei handelt es sich um eine beitragsfinanzierte Versicherungsleistung, die über eine Höchstdauer von 12 Monaten bezogen werden kann. Im Gegensatz dazu wird das Arbeitslosengeld II (ALG II) steuerlich finanziert und ist bedürftigkeitsabhängig. Es dient zur Sicherung des Lebensunterhalts der arbeitslosen erwerbsfähigen Personen, nachdem sie Arbeitslosengeld I erhalten haben bzw., wenn sie von vorne herein keinen Anspruch darauf hatten. Die Bezugdauer ist unbegrenzt. Zu Guter letzt gibt es noch das Sozialgeld, das nichterwerbsfähige Personen beziehen.[9]

Zur Bewältigung der immensen Schwarzarbeit in Deutschland wurden die sogenannten „Ich-AGs" konzipiert, sowie die neuen Mini-Jobs erdacht.[10] Erstere zielen auf die Reduzierung der Schwarzarbeit Arbeitsloser ab, die Mini-Jobs auf die Reduzierung der Schwarzarbeit bei

---

[5] Vgl. Ebenda, S. 22.
[6] Vgl. Ebenda, S. 27.
[7] Vgl. Ebenda, S. 24.
[8] Ebenda, S. 27
[9] Ebenda.
[10] Ebenda, S. 31.

Dienstleistungen in Privathaushalten. Bei der Ich-AG handelt es sich um eine Vorstufe zu einer vollwertigen Selbständigkeit. Arbeitslose erhalten als Anreiz für die Anmeldung einer Ich-AG Zuschüsse für einen Zeitraum von drei Jahren, deren Höhe sich am Arbeitslosengeld und der von der Arbeitsagentur entrichteten Sozialversicherungsbeiträge orientieren, zeitlich gestaffelt sind und von der Einkommenshöhe der Ich-AG abhängen.

2. Realisierung und Auswirkungen

2.1. Hartz I

Nicht alle Vorschläge der Hartzkommission fanden auch Einzug in die zwischen dem 01. Januar 2003 und dem 01. Januar 2005 veröffentlichten Hartz-Gesetze. Im Folgenden schauen wir uns daher jene Vorschläge an, die in die Praxis umgesetzt wurden und stellen zudem dar, inwiefern sie sich auf den Arbeitsmarkt ausgewirkt haben.

Im ersten Gesetzesentwurf, der auf der Grundlage der Ergebnisse der Hartzkommission konzipiert wurde, findet sich der Aufbau der PSA wieder. Diese haben sich allerdings nicht als Erfolg versprechend erwiesen. Grund dafür ist, dass die einstellenden Firmen gar nicht an einer Weiterbeschäftigung der entliehenen Arbeitskräfte interessiert sind. Sie wollen lediglich von den Fallpauschalen des Staates während des sechsmonatigen Förderzeitraums profitieren. Zudem haben quantitative Wirkungsanalysen gezeigt, dass die PSA die Chancen der Arbeitslosen auf Integration in den Arbeitsmarkt eher verschlechtern.[11]

Auch die Ergebnisse der Arbeitsbeschaffungsmaßnahmen (ABM) – die befristete Einstellung von Arbeitslosen – die von der Bundesagentur für Arbeit durch pauschale Lohnkostenzuschüsse gefördert werden, sind durchwachsen. Vorgesehen sind die Maßnahmen vor allem für „marktbenachteiligte Arbeitslose". Diese haben – wie Studien festgestellt haben – jedoch eine schlechtere Aussicht als andere Arbeitslose, wieder in den Arbeitsmarkt integriert zu werden. Dies ist vor allen Dingen auf die Passivität der ABM-Teilnehmer, hinsichtlich der Bemühung um eine feste Arbeitsstelle während ihrer ersten Monate in der Maßnahme zurückzuführen. Dennoch haben die ABM – wie weitere Studien zeigten – positive persönliche Auswirkungen. So beurteilten die Teilnehmer ihre

---

[11] Vgl. Bericht des Bundesministeriums, S. 19. Quelle:
http://www.bmas.de/portal/3042/property=pdf/hartz__bericht__kurzfassung.pdf [Stand: 13.11.2009]

berufsfachliche, psychosoziale und auch gesundheitliche Situation während der Maßnahme besser als davor.

Auch die strukturelle Wirkung der ABM ist komplementär. Zum einen wurde beispielsweise die regionale Infrastruktur verbessert. Dies allerdings zu Lasten regulärer Arbeitskräfte. Darüber hinaus wurden positive – wenn auch kurzfristige – Nachfrageeffekte festgestellt, welche der regionalen Wirtschaft dienten.[12]

2.2. Hartz II

Im Folgenden widmen wir uns dem Kommissionsvorschlag „Existenzgründungszuschuss" (ExGZ), besser bekannt unter dem Schlagwort der Ich-AG. Außerdem einer Auswahl Arbeitsförderungsinstrumente, insbesondere der Trainings- und Weiterbildungsmaßnahmen. Diese Ideen manifestierten sich unter anderem im Hartz II Gesetz.[13/14] Wir wollen zunächst diese arbeitsmarktpolitischen Instrumente auf einer mikroökonomischen Ebene betrachten.

Der ExGZ bedeutet eine maximal drei Jahre dauernde degressive Förderung von 600 Euro im ersten Jahr über 360 Euro im Zweiten bis 240 Euro im dritten Jahr für Existenzgründer.[15] Vorweg ist zu betonen, dass der ExGZ ein relativ junges Instrument darstellt und er deshalb nicht abschließend evaluiert werden kann. Es handelt sich daher bei den hier vom DIW und WSI vorgestellten Analysen lediglich um Zwischenergebnisse.

Das Instrument der Ich-AG wurde seit seiner Installation sehr gut angenommen: schon im Jahr 2004 gab es 350.000 geförderte Ich-AGs.[16] Innerhalb von vier Jahren waren es schon über eine Million staatlich unterstützte Existenzgründer. DIW Studien ergeben, dass Geförderte 28 Monate nach Beginn eine deutlich geringere Wahrscheinlichkeit besitzen, sich arbeitslos zu melden.[17] Dies lässt vermuten, dass das arbeitsmarktpolitische Instrument wirkt.

---

[12] Vgl. Ebenda, S. 21.

[13] Weitere Aspekte waren die Mini-Jobs und die weniger bekannten Midi-Jobs, sowie die Vorbereitung des Umbaus der BA und der Arbeitsämter zu Job Centern. Vgl. Werner Eichhorst/ Klaus F. Zimmermann: Eine wirtschaftspolitische Bilanz der rot-grünen Bundesregierung. In: Aus Politik und Zeitgeschichte 2005. Heft 43, S. 15. Weitere Erläuterungen zu den einzelnen Schritten bei: Hartmut Seifert: Was bringen die Hartz Gesetze? In: Aus Politik und Zeitgeschichte 2005. Heft 16, S. 18, 19.

[14] Ziel war bis hierhin die Förderung von Selbständigkeit und der Abbau von Restriktionen im Niedriglohnbereich sowie eine effektivere Vermittlung, auch durch Kürzungen, falls Angebote nicht wahrgenommen wurden. Vgl. Klaus F. Zimmermann: Eine Zeitwende am Arbeitsmarkt. In: Aus Politik und Zeitgeschichte 2005. Heft 16, S. 4.

[15] Vgl. Marco Caliendo, Viktor Steiner: Ich-AG und Überbrückungsgeld. Neue Ergebnisse bestätigen Erfolg. In: DIW- Wochenbericht 3/2007, S. 26.

[16] Vgl. Marco Caliendo, Viktor Steiner, Hans Baumgartner: Existenzgründungsförderung für Arbeitslose. Neue Ergebnisse für Deutschland. In: DIW- Wochenbericht 7/2006, S. 77.

[17] Vgl. Marco Caliendo, Viktor Steiner: Ich-AG und Überbrückungsgeld. Neue Ergebnisse bestätigen Erfolg. In: DIW- Wochenbericht 3/2007, S. 25.

Allerdings nimmt allgemein die Wirkung des ExGZ mit der Dauer der Maßnahme ab. Eine Untersuchung des DIW zum ExGZ und dem älteren Instrument des Überbrückungsgeldes (ÜG) ergab, dass zwischen 30 und 50 Prozent der Geförderten es schaffen, nach Ende der Förderung in Beschäftigung zu bleiben.[18] Diese auf der Makroebene angesiedelten, vorläufigen Ergebnisse werden durch das DIW-Ergebnis verfeinert, dass der ExGZ besser für Männer als für Frauen ist und stärker im Osten wirkt als im Westen. Nach 1,5 Jahren Förderung haben ca. 20 Prozent der ExGZ-Bezieher ihre Tätigkeit aufgegeben, wobei zu beobachten ist: Je höher die Qualifikation, desto geringer die Abgangsraten.[19] Auch wenn der ExGZ in der bisherigen Evaluation eine negative Effizienz aufweist, konstatiert das DIW, dass es aus monetärer und staatlicher Sicht ein relativ kostengünstiges Programm darstellt.[20] Dies ist nicht unerheblich bei notorisch klammen Haushaltskassen und steigender Staatsverschuldung. Die vorläufige Evaluation des DIW für die Ich-AG ist insgesamt positiv. Unter anderem auch, weil zehn Prozent der Geförderten neue Mitarbeiter einstellen und damit ein zusätzlicher Beschäftigungseffekt über die Selbstständigen hinaus induziert wird.[21]

Neben dem Instrument der Ich-AG war die Förderung der beruflichen Weiterbildung (FbW) ein zentraler Punkt der Vorschläge der Hartzkommission. Hier sollte das Konzept des Förderns umgesetzt werden. Durch Bildungsgutscheine sollte die Autonomie und Eigenverantwortung gestärkt werden und die Qualität der Weiterbildung allgemein verbessert werden, indem die Programme besser auf die Teilnehmer zugeschnitten werden. Außerdem sollte die Effizienz der Maßnahmen gesteigert werden indem individuelle Eingliederungsquoten für jeden Arbeitslosen erstellt werden sollten. Die Fallmanager in den Jobcentern wurden allerdings unter Druck gesetzt, da sie eine Vermittlungsquote von 70 Prozent erzielen müssen.[22]

Dies führte über die effektivere Gestaltung dieses Instruments zu positiven Beschäftigungseffekten. Problematisch ist in diesem Zusammenhang allerdings, dass die privaten Vermittlungsagenturen, anders als die Bildungseinrichtungen, keiner Qualitätskontrolle unterliegen. Dies benachteiligt insbesondere Geringqualifizierte.[23] Die Instrumente der Mini-, Midi-Jobs, der Ich-AGs und der ABM fördern im hohem Maße den

---

[18] Vgl. ebenda, S. 29.
[19] Vgl. ebenda, S. 84-87.
[20] Vgl. ebenda, S. 31.
[21] Vgl. Hans J. Baumgartner et al: Existenzgründungsförderung für Arbeitslose- Erste Evaluationsergebnisse für Deutschland. In: Vierteljahresschrift zur Wirtschaftsforschung 3/2006, S. 32-48.
[22] Volker Baethge-Kinsky: Transformation statt Erosion arbeitsmarktpolitischer Qualifizierung- Lehren aus der Evaluation der Hartz- Gesetze. In: WSI-Mitteilungen, 6/ 2007, S. 312, 313.
[23] Vgl. Hilmar Schneider: Die Veränderung der Lohnersatzleistungen und die Reform der Vermittlungsprozesse im SGB III. In: Vierteljahresschrift zur Wirtschaftsforschung. 1/2008, S. 20-37.

Ausbau des Niedriglohnsektors.[24] 2006 befindet sich der deutsche Niedriglohnsektor mit 23,4 Prozent (DIW) über dem EU-Durchschnitt (OECD).[25] Die Förderung in diesem Sektor macht allerdings nur Sinn, wenn es eine „Brückenfunktion" in Richtung „Normalarbeitsverhältnisse" gibt.[26] Der WSI stellt fest, dass gerade diese Funktion nicht oder nur in sehr geringem Maße erfüllt wird. Hinzu kommt, dass sogenannte Ein-Euro-Jobs zur Verdrängung von regulärer Beschäftigung beitragen.[27] Das DIW sieht dies nicht so kritisch, es kann zwar bisher keine der erhofften Klebe- und Brückeneffekte [28] feststellen, allerdings sieht es Mini- und Midi-Jobs prinzipiell als richtige arbeitsmarktpolitische Instrumente an.[29]

Zusammenfassend lässt sich sagen, dass das DIW neben dem ExGZ die geförderte berufliche Weiterbildung, die Vermittlungsgutscheine, und die Reform der geringfügigen Beschäftigungsverhältnisse in Bezug auf Mini- und Midijobs, sowie die Zeitarbeit positiv einschätzt.[30]

Dem entgegen kritisiert das WSI die Umsetzung der Hartz-Vorschläge auf mehreren Ebenen. Der Anteil der Ausgaben für aktive Arbeitsmarktpolitik, gemessen an allen Ausgaben für den Arbeitsmarkt, ist paradoxer Weise auf dem niedrigsten Stand seit 1969. Nur ein Viertel ist für aktive Arbeitsförderung ausgegeben worden. Im Bereich des SGB III und des SGB II gar nur 12,6 Prozent. Diese Zahlen stehen in einem Widerspruch zum Konzept der Aktivierung und Förderung.[31] Schaut man sich die Arbeitsförderungsinstrumente an, so lässt sich laut WSI konstatieren, dass eher auf Trainingsmaßnahmen als auf Weiterbildungsmaßnahmen gesetzt wird. Allerdings sind Trainingsmaßnahmen sehr kurzfristig angelegt und dienen eher dem Aspekt des Forderns als einem gezielten langfristigen Fördern.[32] So sind die die Teilnehmerzahlen von Weiterbildungsmaßnahmen von 2000 bis 2002 von 470.000 bis 2005 auf nur 132.000 gesunken.[33]

---

[24] Oschmiansky et al: Arbeitsmarktreformen in Deutschland- Zwischen Pfadabhängigkeit und Paradigmenwechsel. In: WSI-Mitteilungen 6/2007, S. 294.
[25] Vgl. ebenda, S. 295.
[26] Laut WSI ist ein Normalarbeitsverhältnis ein sozial abgesichertes, abhängig beschäftigtes und unbefristeter Vollzeitjob. Vgl. ebenda, S. 294.
[27] Vgl. ebenda, S. 295. Und vgl. Judith Aust, Till Müller Schoell: Sparmaßnahmen trotz Rekordüberschüssen? Zur Finanzierung der Arbeitsmarktpolitik. In: WSI- Mitteilungen 6/ 2007, S. 305.
[28] Diese Effekte bedeuten, dass der Niedriglohnbereich nur Durchgangsstation oder Sprungbrett in besser bezahlte Arbeit ist.
[29] Michael Fertig und Jochen Kluve: Alternative Beschäftigungsformen in Deutschland. Effekte der Neuregelung von Zeitarbeit, Minijobs und Midijobs. In: „Vierteljahresschrift zur Wirtschaftsforschung", 3/2006, S. 97-117.
[30] Untersuchungsbericht des Bundesministeriums für Arbeit und Soziales, S. 83.
[31] Oschmiansky et al: Arbeitsmarktreformen in Deutschland- Zwischen Pfadabhängigkeit und Paradigmenwechsel. In: WSI-Mitteilungen 6/ 2007, S. 292, 293.
[32] Vgl. ebenda, S. 293.
[33] Vgl. Judith Aust, Till Müller Schoell: Sparmaßnahmen trotz Rekordüberschüssen? Zur Finanzierung der Arbeitsmarktpolitik. In: WSI- Mitteilungen 6/ 2007, S. 314.

Diese Ergebnisse gehen Hand in Hand mit der Einführung der Eingliederungsbilanzen und dem Benchmarking, welche den sogenannten „Creaming" -Effekt verstärken, der eine selektive Förderung der „Besseren" unter den Arbeitssuchenden bedeutet. Geringerqualifizierte werden in noch stärkerem Maße benachteiligt und haben dadurch eine noch geringere Chance auf einen Arbeitsplatz.[34] Doch auch Langzeitarbeitslose, ältere Menschen, und Frauen mit Kindern gehören laut Baethge-Kinsky zu den Ausgegrenzten.[35] Der WSI konstatiert im Gegensatz zur relativ positiven Bewertung des DIW einen Wechsel von einer aktiven zu einer „autoritär aktivierenden" Arbeitsmarktpolitik.[36]

Ein weiterer Kritikpunkt sind die Überschüsse der BA im Jahr 2006 von über 15 Prozent der zur Verfügung stehenden Mittel, was über elf Milliarden Euro waren, die ungenutzt blieben. Vielleicht hätten sie aber helfen können qualifizierte Arbeitnehmer für den Arbeitsmarkt zu trainieren, welche so offene Stellen besetzt hätten.[37] Dieses „Sparmotiv der BA richtet sich gegen mittelfristige Problemlösungen für arbeitsmarktferne Arbeitslose."[38] Der „Creaming"-Effekt wird also noch verstärkt. Judith Aust und Till Müller Schoell stellen aufgrund der Kompetenzverteilung zwischen Bund, Ländern und Kommunen ein institutionelles Problem fest. Es kommt zu einem „institutionellen Egoismus".[39]

Dieser Egoismus beruht des Weiteren darauf, dass es bei Konjunkturschwankungen keine Bundeszuschüsse mehr gibt, sodass sich die BA ein „Polster" für schlechte Zeiten anlegen muss. Hinzu kommen wachsende Sozialausgaben für die Kommunen gegenüber sinkenden Ausgaben von Bund und Ländern in Milliardenhöhe.[40]

Aus WSI Sicht lässt sich allgemein festhalten, dass das Fordern zu stark im Vergleich mit dem Fördern ist, eine Reform der Reform sei nötig.[41]

2.3. Hartz III

Ein bedeutendes Projekt innerhalb der Hartz-Reformen stellte die Umstrukturierung der Bundesanstalt für Arbeit dar. Als Zwischenfazit zu diesem Vorhaben bleibt festzuhalten, dass

---

[34] Vgl. ebenda, S. 294.
[35] Vgl. Judith Aust, Till Müller Schoell: Sparmaßnahmen trotz Rekordüberschüssen? Zur Finanzierung der Arbeitsmarktpolitik. In: WSI- Mitteilungen 6/2007, S. 314.
[36] Oschmiansky et al: Arbeitsmarktreformen in Deutschland- Zwischen Pfadabhängigkeit und Paradigmenwechsel. In: WSI-Mitteilungen 6/2007, S. 295.
[37] Vgl. ebenda, S. 296. Vgl. auch: Judith Aust, Till Müller Schoell: Sparmaßnahmen trotz Rekordüberschüssen? In: WSI- Mitteilungen 6/2007, S. 308.
[38] Vgl. ebenda, S. 309.
[39] Judith Aust, Till Müller Schoell: Sparmaßnahmen trotz Rekordüberschüssen? Zur Finanzierung der Arbeitsmarktpolitik. In: WSI- Mitteilungen 6/2007, S. 305.
[40] Vgl. ebenda, S. 306, 307.
[41] Vgl. Oschmiansky et al: Arbeitsmarktreformen in Deutschland, S. 292.

„der Umbau der Bundesagentur für Arbeit zu einem modernen und effizient agierenden Dienstleister in die richtige Richtung führt".[42] Die Behörde gewinnt mehr und mehr an Transparenz und arbeitet deutlich effizienter und wirtschaftlicher. Dies ist vor allem auf das neue Steuerungssystem, die Einführung eines systematischen Controllings und die neu eingerichteten Kundenzentren zurückzuführen.[43] Die Bundesagentur wirtschaftet auf diese Weise deutlich kostengünstiger und konnte daher im Jahr 2006 sogar einen deutlichen Überschuss erzielen. Allerdings ist die zentrale Steuerung und Zielvorgabe der Bundesagentur für Arbeit sehr betriebswirtschaftlich geprägt. Hinsichtlich der Vermeidung von Langzeitarbeitslosigkeit hat dieses Vorgehen bisher noch keine positiven Effekte verzeichnen können. Jedoch muss man der Bundesagentur insgesamt zu Gute halten, dass die gesamte Neuordnung während des laufenden Geschäftsbetriebes erfolgte. Eine Beurteilung kann daher auch nur vorläufig sein.[44]

Als Schritt in die richtige Richtung erweist sich aber jetzt schon die Steuerung durch zentrale Zielvorgaben. Allerdings muss dabei kritisiert werden, dass der Handlungsspielraum für die Arbeitsagenturen zu gering ist.[45] Positiv für die Koordination der Agenturen wirkt sich wiederum die Einführung der Kundenzentren aus. Diese gewährleisten eine effiziente Bündelung verschiedener Aufgaben. So werden beispielsweise Anrufe, die in der Vergangenheit oft den Arbeitsprozess unterbrachen direkt an die integrierten Service-Center weitergeleitet. Daneben steht den Kunden mit dem Online-Portal eine weitere Möglichkeit zur Verfügung, den Kontakt zur Agentur herzustellen. Auf diese Weise haben die Mitarbeiter mehr Zeit für ihre Kernaufgaben – die Beratung und Vermittlung – und werden von Routineaufgaben entlastet.[46]

Insgesamt muss man aber festhalten, dass mittels mikroökonometrischen Analysen noch kein Effekt hinsichtlich einer höheren Vermittlungsquote in die Erwerbstätigkeit festgestellt werden kann. Festellen lässt sich nur, dass die Ausweitung von Selbstbedienungsaktivitäten zu keiner Entlastung der Vermittlungtätigkeiten der Mitarbeitet geführt hat, obwohl mit den neuen Angeboten prinzipiell jeder Arbeitsuchende in die Lage versetzt werden sollte, sich selbst auf dem Arbeitsmarkt zu vermitteln.[47]

---

[42] Bericht des Bundesministeriums, S. 4.
[43] Vgl. Ebenda, S. 5.
[44] Vgl. Ebenda.
[45] Vgl. Ebenda, S. 6.
[46] Vgl. Ebenda, S. 8.
[47] Vgl. Ebenda.

2.4.   Hartz IV

Die nachfolgende Analyse des Hartz IV Gesetzes baut im Wesentlichen auf aktuellen Daten des DIW und der OECD auf.

Ziel der Hartz IV Reform war zum einen die finanzielle Entlastung des Bundeshaushaltes und zum anderen die Erhöhung des Arbeitsanreizes durch den finanziellen Druck für Arbeitslose, was wiederum zu einer Erhöhung der Erwerbsquote führen sollte.[48] Gegenübergestellt werden nun Erfolge und Misserfolge der Reform.

Für den Erfolg der Reform spricht, dass die Arbeitslosigkeit im Zeitraum von 2005 bis 2008 um mehr als eine Millionen Personen zurückgegangen ist (siehe Abb. 1 in der Anlage). Dies war der stärkste Rückgang in der deutschen Nachkriegsgeschichte. Während die Arbeitslosenquote seit 1991 einen ständigen Anstieg zu verzeichnen hatte und im Jahr 2005 ihren Höhepunkt mit 10,6 Prozent erreichte, sank sie innerhalb von zwei Jahren wieder auf 8,4 Prozent. So hoch war sie zuletzt im Jahre 2002. [49]

Dass es überhaupt zu einem Rückgang kam, liegt an dem 2002 einsetzenden konjunkturellen Beschäftigungsaufbau. Dadurch ist die Zahl der Arbeitslosen unter den Hilfebeziehern gesunken (siehe Abb. 2 in der Anlage). Wenig abgenommen – und das auch erst seit dem Frühjahr 2008 – hat dagegen die Zahl der nicht erwerbsfähigen Hilfebezieher, also der Kinder. Ein Indikator, der den Rückgang der Arbeitslosigkeit unterstützt, ist die Beschäftigungsquote. Sie erreichte ihren Spitzenwert vor den Agenda-Reformen im Jahre 1991 mit 67,1 Prozent, fiel kontinuierlich bis zum Jahre 2003 auf 64,6 Prozent ab und stieg nur innerhalb von fünf Jahren bis 2007 auf 69 Prozent. Die Bundesrepublik Deutschland hatte bis dahin nie eine derartig hohe Beschäftigung verzeichnen können, wie sie nach den Reformen innerhalb von nur drei Jahren erreicht worden ist. [50]

Neben den positiven Auswirkungen der Reform existieren aber durchaus auch negative. Im Folgenden werden wir kurz aufgezeigen, wie sich das Einkommen von bestimmten Haushalten nach der Hartz IV Reform entwickelt hat.

Die Zahl der Personen, die in Haushalten leben, in denen mindestens eine Person Sozialhilfe oder arbeitsmarktnahe Transferleistungen bezogen hat, ist von 2004 auf 2005 nahezu stabil geblieben; in Ostdeutschland ist sie aber mit 20 Prozent nahezu doppelt so hoch wie in

---

[48] Vgl. Hilmar Schneider: Die Veränderung der Lohnersatzleistungen und die Reform der Vermittlungsprozesse im SGB III. In: Vierteljahresschrift zur Wirtschaftsforschung 1/2008, S. 25.
[49] Vgl. http://stats.oecd.org/Index.aspx?DataSetCode=CSP2009# am 11.11.2009
[50] Vgl. Ebenda

Westdeutschland (siehe Tabelle 2 im Anhang). Noch größer sind die Unterschiede beim ALG-II Bezug.

In Westdeutschland lebten im Jahr 2005 nur fünf Prozent aller Personen in Haushalten, die mindestens sechs Monate ALG II bezogen, in Ostdeutschland waren es dagegen 13 Prozent.[51] Die Zusammenlegung von Arbeitslosen- und Sozialhilfe beeinflusst vor allem die Einkommen im unteren Bereich der Verteilung. So mussten die statistisch Erfassten im ersten Dezil Einbußen von 530 Euro hinnehmen, sodass sich das Einkommen im Jahre 2005 auf 7370 Euro verringerte. Dieser Rückgang war in Ostdeutschland stärker ausgeprägt als im Westen. [52]

Die deutlichsten Veränderungen ergaben sich für die Personen in ehemaligen Arbeitslosen- und Sozialhilfehaushalten. Da Sozialhilfeempfänger nach der Reform in erwerbsfähige Personen (ALG-II Empfänger) und dauerhaft nicht erwerbsfähige Personen (weiterhin Sozialhilfeempfänger) aufgeteilt wurden, haben sich die Gruppenzusammensetzungen über die Zeit erheblich verändert.

Das Einkommen der Personen in ALG-II-Haushalten lag 2005 deutlich unter dem der Personen in Arbeitslosenhilfehaushalten im Jahr 2004. Vor allem in Ostdeutschland erlitt diese Gruppe Einkommensverluste. Im Durchschnitt standen dort einer Person in einem ALG-II-Haushalt im Jahr 2005 8840 Euro zur Verfügung. Im Jahr 2004 waren es für Personen in Arbeitslosenhilfe-Haushalten noch 10.390 Euro gewesen. Nach dem, in internationalen Vergleichen gebräuchlichen Maßstab, waren 2005 gut 17 Prozent der deutschen Bevölkerung einkommensarm.[53] Besonders stark von Einkommensarmut betroffen waren dabei Personen in Arbeitslosen- und Sozialhilfehaushalten – die Armutsquote lag hier bei 51 beziehungsweise 54 Prozent.

Die Hälfte der Personen, die in Arbeitslosen- und Sozialhilfebezieherhaushalten leben, mussten Einkommensverluste hinnehmen. Dem steht ein Drittel von Personen gegenüber, die Gewinne zu verzeichnen hatten (siehe Anhang Tabelle 4). Die Einkommensverluste sind absolut gesehen aber deutlich größer als die Einkommenszuwächse. So musste ein Reformverlierer durchschnittlich einen Rückgang um 3250 Euro jährlich hinnehmen, während die Gewinner einen Zuwachs von durchschnittlich 2620 Euro erzielten.[54] Die Analyse zeigt, dass die Zusammenlegung der Arbeitslosen- und Sozialhilfe zum neu eingeführten Arbeitslosengeld II zu gravierenden Veränderungen der Einkommenssituation der

[51] Vgl. Jan Goebel / Maria Richter: Nach der Einführung von Arbeitslosengeld II. Deutlich mehr Verlierer als Gewinnerunter den Hilfeempfängern. In: Wochenbericht DIW-Wochenbericht 50/ 2007, S. 755.
[52] Vgl. Ebenda, S. 756.
[53] Vgl. Ebenda, S.757.
[54] Vgl. Ebenda, S. 759.

Betroffenen geführt hat. Es gab zwar einige Gewinner, dennoch überwog die Zahl der Verlierer. Dementsprechend ist der Anteil der von der Reform betroffenen Leistungsbezieher, die als einkommensarm gelten, deutlich gestiegen – von gut der Hälfte im Jahr 2004 auf zwei Drittel 2005. Im Zuge der konjunkturellen Entwicklung ab 2006 hat sich dieser Anteil etwas verringert. Verluste aufgrund der Reform mussten vor allem Haushalte ohne minderjährige Kinder hinnehmen. Vergleichsweise gut abgeschnitten haben dagegen Alleinerziehende.[55]

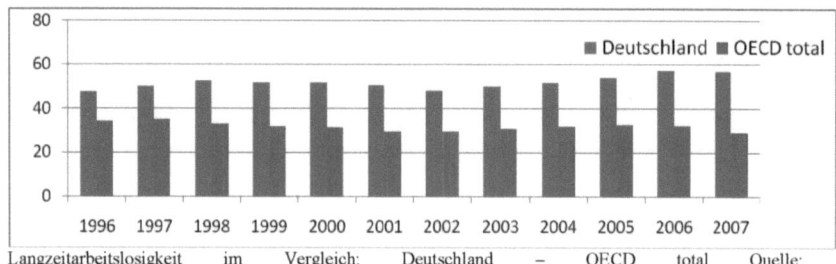

Langzeitarbeitslosigkeit im Vergleich; Deutschland – OECD total Quelle: http://stats.oecd.org/viewhtml.aspx?queryname=18153&querytype=view&lang=en [Stand: 4.November 2009]

Schaut man sich nur die Langzeitarbeitslosigkeit an, so ist deren Entwicklung ein Indiz dafür, dass die Reformen bis 2007 als gescheitert gelten können. Dabei war gerade der Abbau der Langzeitarbeitslosigkeit eines der Kernziele von Hartz IV. Ab 1997 waren über 50 Prozent aller registrierten Arbeitslosen Langzeitarbeitslose. Das lag damals schon weit über dem OECD-Durchschnitt von 35 Prozent und hat im Zuge der 2003 eintretenden Reformen nicht abgenommen. 2003 waren es laut OECD genau 50 Prozent Langzeitarbeitslose, und bis 2007 stieg die Zahl trotz der Hartz- Reformen auf 56,6 Prozent an.[56] Diese Zahl wirkt umso gravierender, wenn man sich die OECD-Staaten-Entwicklung anschaut, dessen Höchstwert im Zeitraum 2003 bis 2007 bei 32,8 Prozent liegt und 2007 sogar nur 29,1 Prozent aufweist. Setzt man zur Arbeitslosigkeit die Zahl der offenen Stellen in Beziehung, so kann man feststellen, dass die Langzeitarbeitslosigkeit insbesondere eine Problematik der Geringqualifizierten ist, da es trotz einer hohen Arbeitslosenquote viele offene Stellen gibt. Zwar sanken die offenen Stellen bis 2005 auf einen Wert von ca. 225.000, danach stieg dieser

---

[55] Vgl. Jan Goebel / Maria Richter: Nach der Einführung von Arbeitslosengeld II. Deutlich mehr Verlierer als Gewinnerunter den Hilfeempfängern. In: Wochenbericht DIW-Wochenbericht 50/ 2007, S. 761.
[56] Zwar wurde die Berechnungsgrundlage der Arbeitslosigkeit modifiziert, sodass diese Entwicklung teilweise auch statistische Effekte hat, statt Entwicklungen auf dem Arbeitsmarkt aufzuzeigen.

Wert aber auf ca. 650.000 freien Stellen.[57] Hier liegt also eine Form von Mismatch-Arbeitslosigkeit vor. Kontinuierlich gewachsen ist außerdem die Zahl der erwerbsfähigen und nicht arbeitslosen Leistungsempfänger. Also Personen, die arbeiten, deren Lohn aber nicht ausreicht um den Lebensunterhalt zu finanzieren. Dies resultiert vor allem daraus, dass die Zahl der Erwerbstätigen unter den Hilfebeziehern zugenommen hat.[58] Eine Rolle spielt dabei die Ausbreitung gering entlohnter Beschäftigung – sowohl auf dem regulären als auch auf dem staatlich geförderten Arbeitsmarkt. So wurden mit der Hartz IV-Reform die „Arbeitsgelegenheiten" („Ein-Euro-Jobs") eingeführt. Hinzu kommen noch Selbstständige, die auch Hartz IV Leistungen in Anspruch nehmen und Haushalte, die das frühere Wohngeld bezogen haben und nun zur Grundsicherung auf Hartz IV umgestiegen sind. Abschließend lässt sich allerdings nicht klären, warum die Arbeitslosigkeit unter den Hartz IV Empfängern nur in unterdurchschnittlichem Maß gesunken ist. Wahrscheinlich spielt eine Rolle, dass sie eine ungünstige Qualifikationsstruktur vorweisen und deshalb vergleichsweise schlechte Chancen auf dem Arbeitsmarkt haben. Ein Nachteil zeigt sich zum Beispiel bei der schulischen Qualifikation. Mehr als jeder fünfte arbeitslose Hartz IV-Empfänger hat nach amtlichen Angaben keinen Hauptschulabschluss (siehe Abbildung 5 im Anhang).[59] Trotz günstiger Beschäftigungsentwicklung ist die Zahl der Bedürftigen in den vergangenen Jahren kaum geschrumpft. Der Abbau der Arbeitslosigkeit ist zwar auch unter den Hartz IV-Empfängern vorangekommen, der Rückgang war aber schwächer als bei den übrigen Arbeitslosen. Dies ist – neben einem generellen Mangel an Arbeitsplätzen, insbesondere in Ostdeutschland [60] – vermutlich das zentrale Problem mit Blick auf die Eingliederung in den Arbeitsmarkt.

Es lässt sich zusammenfassend also festhalten, dass zwar die Zahl der Arbeitslosen nach der Reform gesunken ist, es aber keine signifikanten Verbesserungen bei den Langzeitarbeitslosen gab und viele ehemalige Sozial- und Arbeitslosenhilfeempfänger deutliche finanzielle Einbußen durch die Hartz IV Reform erfahren haben.

---

[57] Laut Mussel/Pätzold gab es im Februar 2007 sogar ungefähr 1,1 Millionen freie Arbeitsplätze, für die die qualifizierten Arbeitnehmer fehlten. Vgl. Gerhard Mussel/ Jürgen Pätzold: Grundfragen der Wirtschaftpolitik. 2005, S. 58.
[58] Vgl. Karl Brenke: Arbeitslose Hartz IV-Empfänger. Oftmals gering qualifiziert, aber nicht weniger arbeitswillig. In: DIW- Wochenbericht 43/2008, S. 679.
[59] Vgl. Ebenda, S. 681 und siehe Abbildung 5 im Anhang.
[60] Vgl. Ebenda, S. 684.

Die Bilanz der Hartz-Gesetze fällt insgesamt gemischt aus: Die Neueinführung der Personal Service Agenturen hat die Chancen auf Integration in den Arbeitsmarkt beispielsweise eher verschlechtert als verbessert. Dies liegt in erster Linie daran, dass die beteiligten Unternehmen die staatlichen Zuschüsse lediglich als Mittel zur Senkung der Lohnnebenkosten ansehen. Ähnliche Ergebnisse sind für die Arbeitsbeschaffungsmaßnahmen festzustellen. Auch hier besitzen die Teilnehmer nach Ende der Maßnahme schlechtere Chancen auf eine Integration in den Arbeitsmarkt.

Hingegen sind die neuen Instrumente des Arbeitsmarktes, die von einer aktiven zu einer aktivierenden Politik verändert wurden, auf der Basis von WSI und DIW-Analysen insgesamt positiv zu bewerten. Dies gilt insbesondere für die Existenzförderung und die berufliche Weiterbildung. Erstere wurde gut angenommen. Jedoch muss auch gesagt werden, dass die Wirkung mit Dauer der Maßnahme abnehmend ist. Zudem profitieren Männer mehr von diesem Instrument als Frauen und Menschen in Westdeutschland mehr als solche im Osten.

Was die Reformen zur beruflichen Weiterbildung angeht, so wurden die angestrebten Ziele nicht realisiert, da eher Trainings- als wirkliche Weiterbildungsmaßnahmen von den Fallmanagern vergeben wurden. An dieser Stelle sei nochmal auf die Verstärkung des Creaming-Effektes verwiesen, der bewirkte, dass gering Qualifizierte, Ältere und Frauen mit Kindern durch die Reform benachteiligt wurden. Durch die Instrumente Midi-, Minijobs wurde außerdem der Niedriglohnsektor stark ausgebaut, wobei die neuen Instrumente nicht die erhofften „Brücken"- und „Klebe"-Effekte besitzen.

Positiv wurde von WSI und DIW der Umbau der Bundesagentur für Arbeit zu einer effizienteren, effektiveren und transparenteren Institution bewertet. Dabei spielt die zentrale Zielsteuerung und Kontrolle eine wichtige Rolle. Zudem wurden im Zuge der Neuorganisation Mitarbeiter von ihren Routineaufgaben befreit. Nicht angenommen wurden dagegen die neuen digitalen Selbstvermittlungsfunktionen.

Im Rahmen des Hartz IV-Gesetzes, das die öffentliche Diskussion wohl am meisten dominiert, bleibt schließlich zu sagen, dass es zu einem Rückgang der absoluten Arbeitslosenzahlen geführt hat. Zudem wurden die Ausgaben für arbeitsmarktpolitische Maßnahmen gesenkt. Kritisch muss jedoch angemerkt werden, dass es durch das Zusammenlegen von Arbeitslosen- und Sozialhilfe mehr Verlierer als Gewinner gibt. Hinzu kommt die geringe Qualifikation vieler Hartz IV Empfänger, die trotz der Reformen sehr schlechte Chancen auf dem Arbeitsmarkt haben. Auch im Falle der Langzeitarbeitslosen hat das Hartz IV-Gesetz keine signifikanten Verbesserungen ermöglicht.

Insgesamt lässt sich aus unserer Sicht feststellen, dass die Hartz-Reformen notwendig und von der theoretischen Überlegung richtig waren. Allerdings gibt es einige Mängel in der Umsetzung der Vorschläge der Hartzkommission. So ist eine Schieflage des Prinzips „Fordern und Fördern" festzustellen: das Fordern ist überbetont, das Fördern wurde vernachlässigt, wie es unter anderem die zu geringen Ausgaben des Bundes für aktive Maßnahmen zeigen. Zudem weisen die einzelnen Instrumente Schwächen und Fehler auf. Hier ist dringender Verbesserungsbedarf.

Somit lässt sich abschließend sagen, dass die Reform ein erster, wichtiger Schritt in die richtige Richtung war, dem aber noch viele folgen müssen.

Literatur

Aust, Judith,/ Müller Schoell. Till: Sparmaßnahmen trotz Rekordüberschüssen? Zur Finanzierung der Arbeitsmarktpolitik. In: WSI- Mitteilungen Heft 6, 2007.

Bericht des Bundesministeriums. Quelle: http://www.bmas.de/portal/3042/property=pdf/hartz__bericht__kurzfassung.pdf [Stand: 13.11.2009]

Baethge-Kinsky, Volker: Transformation statt Erosion arbeitsmarktpolitischer Qualifizierung- Lehren aus der Evaluation der Hartz- Gesetze. In: WSI-Mitteilungen, Heft 6, 2007.

Baumgartner, Hans et al: Existenzgründungsförderung für Arbeitslose- Erste Evaluationsergebnisse für Deutschland. In: Vierteljahresschrift zur Wirtschaftsforschung. Heft 3, 2006.

Brenke, Karl: Arbeitslose Hartz IV-Empfänger. Oftmals gering qualifiziert, aber nicht weniger arbeitswillig. In: DIW- Wochenbericht 43/2008.

Caliendo, Marco / Steiner, Viktor / Baumgartner, Hans: Existenzgründungsförderung für Arbeitslose. Neue Ergebnisse für Deutschland. In: DIW- Wochenbericht 7/2006.

Caliendo, Marco / Steiner ,Viktor: Ich-AG und Überbrückungsgeld. Neue Ergebnisse bestätigen Erfolg. In: DIW- Wochenbericht 3/2007.

Eichhorst, Werner / Zimmermann, Klaus F.: Eine wirtschaftspolitische Bilanz der rot-grünen Bundesregierung In: Aus Politik und Zeitgeschichte Heft 43, 2005.

Fertig, Michael/ Kluve, Jochen: Alternative Beschäftigungsformen in Deutschland. Effekte der Neuregelung von Zeitarbeit, Minijobs und Midijobs. In: Vierteljahresschrift zur Wirtschaftsforschung. Heft 3, 2006.

Goebel, Jan / Richter, Maria: Nach der Einführung von Arbeitslosengeld II. Deutlich mehr Verlierer als Gewinnerunter den Hilfeempfängern. In: Wochenbericht DIW- Wochenbericht 50/ 2007.

Hartz, Peter et al.: Moderne Dienstleistungen am Arbeitsmarkt. Vorschläge der Kommission zum Abbau der Arbeitslosigkeit und zur Umstrukturierung der Bundesanstalt für Arbeit, Berlin 2002.

Mussel, Gerhard/ Pätzold, Jürgen: Grundfragen der Wirtschaftpolitik. 7. Auflage. München 2005.

Oschmiansky et al: Arbeitsmarktreformen in Deutschland- Zwischen Pfadabhängigkeit und Paradigmenwechsel. In: WSI-Mitteilungen Heft 6, 2007.

OECD: Country statistical profiles. http://stats.oecd.org/Index.aspx?DataSetCode=CSP2009# [Stand: 11.11.2009].

Schneider, Hilmar: Die Veränderung der Lohnersatzleistungen und die Reform der Vermittlungsprozesse im SGB III. In: Vierteljahresschrift zur Wirtschaftsforschung. 77(2008), 1.

Seifert, Hartmut: Was bringen die Hartz Gesetze? In: Aus Politik und Zeitgeschichte. Heft 16, 2005.

Untersuchungsbericht des Bundesministeriums für Arbeit und Soziales.

Zimmermann, Klaus F.: Eine Zeitwende am Arbeitsmarkt. In: Aus Politik und Zeitgeschichte. Heft 16, 2005.

Anhang

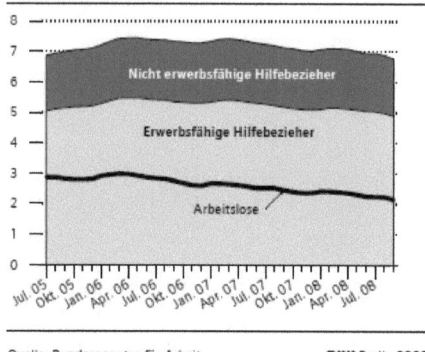

Abbildung 1

Hilfebezieher in der Grundsicherung nach SGB II

In Millionen Personen

Quelle: Bundesagentur für Arbeit.   **DIW** Berlin 2008

Quelle Abbildung 1: http://www.diw.de/documents/publikationen/73/diw_01.c.89793.de/08-43-3.pdf [Stand: 13.11.2009]

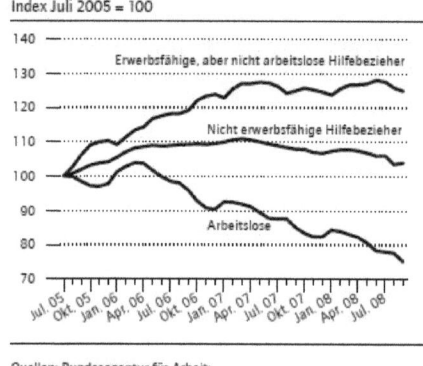

Abbildung 2

Hilfebezieher in der Grundsicherung nach SGB II

Index Juli 2005 = 100

Quellen: Bundesagentur für Arbeit;
Berechnungen des DIW Berlin.   **DIW** Berlin 2008

Quelle Abbildung 2: http://www.diw.de/documents/publikationen/73/diw_01.c.89793.de/08-43-3.pdf [Stand: 13.11.2009]

19

Abbildung 5

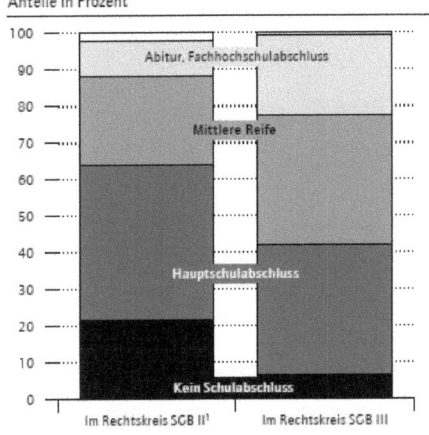

Arbeitslose nach Rechtskreisen und Schulabschluss im September 2008

Anteile in Prozent

1 Ohne Arbeitslose bei zugelassenen kommunalen Trägern.

Quelle: Bundesagentur für Arbeit.　　　　　　　　　　**DIW** Berlin 2008

Quelle Abbildung 5: http://www.diw.de/documents/publikationen/73/diw_01.c.89793.de/08-43-3.pdf [Stand: 13.11.2009]

Tabelle 2

Leistungsbezug nach Haushaltstypen
In Prozent

| | Haushalts-struktur 2006 | Leistungsbezug | | | | | | | |
| | | 2004 | | | | 2005 | | | |
		Kein Leis-tungsbezug	Arbeitslosen-geld	Arbeitslosen-hilfe	Arbeitslosen- und Sozialhilfe	Kein Leis-tungsbezug	Arbeitslosen-geld	ALG II	ALG II und Sozialhilfe
Deutschland									
Single-Haushalt	19	93	2	3	1'	92	1	6	1'
Paar-Haushalt ohne Kinder	28	93	4	3	0'	93	3	3	1'
Paar-Haushalt mit minderjährigen Kindern	36	90	4	5	1	88	4	6	2
Ein-Eltern-Haushalt	5	67	5	10	18	62	2	28	8
Eltern-Haushalt mit erwachsenen Kindern	13	85	7	7	1'	86	6	8	1'
Insgesamt	100	89	4	5	2	88	3	7	2
Westdeutschland									
Single-Haushalt	18	95	2	2	1'	94	1'	4	1'
Paar-Haushalt ohne Kinder	28	94	4	2	0'	94	3	3	1'
Paar-Haushalt mit minderjährigen Kindern	37	92	4	3	1	91	4	5	1
Ein-Eltern-Haushalt	5	73	5	6	17	64	2'	24	9
Eltern-Haushalt mit erwachsenen Kindern	12	87	6	6	1'	88	6	5	1'
Insgesamt	100	91	4	3	2	91	3	5	1
Ostdeutschland									
Single-Haushalt	21	86	2'	8	2'	86	1'	12	1'
Paar-Haushalt ohne Kinder	30	88	6	7	0'	89	5	5	1'
Paar-Haushalt mit minderjährigen Kindern	30	80	5	13	3	74	6	14	6
Ein-Eltern-Haushalt	6	48	7'	22	22	55	4'	37	3'
Eltern-Haushalt mit erwachsenen Kindern	13	75	11	13	1'	79	5	15	1'
Insgesamt	100	81	6	11	3	80	4	13	3

Abweichungen in den Summen sind rundungsbedingt.
1 Fallzahl unter 30.

Quelle: SOEP; Berechnungen des DIW Berlin.　　　　　　　　**DIW** Berlin 2007

Quelle Tabelle 2:

http://www.diw.de/documents/publikationen/73/76990/07-50-1.pdf [Stand: 13.11.2009]

Tabelle 4

Einkommensänderungen von 2004 bis 2005 bei ausgewählten Haushalten[1]

	Arbeitslosenhilfe[2]- und Sozialhilfe[3]-Bezieher			Nur Arbeitslosenhilfe-Bezieher[2]		
	Verlierer	Stabiles Einkommen[4]	Gewinner	Verlierer	Stabiles Einkommen[4]	Gewinner
Deutschland						
Anteil in %	51	15	34	54	13	32
Veränderung des Nettoäquivalenzeinkommens						
Arithmetisches Mittel in Euro	-3 248	-73	2 623	-3 332	-135	2 441
Median in Euro	-2 763	-34	1 815	-2 763	-101	1 585
Durchschnittliche relative Veränderung in %	-31	-1	40	-32	-1	36
Westdeutschland						
Anteil in %	50	15	35	54	12	34
Veränderung des Nettoäquivalenzeinkommens						
Arithmetisches Mittel in Euro	-3 375	-16	2 737	-3 574	-93	2 432
Median in Euro	-3 192	17	2 343	-3 314	-137	1 807
Durchschnittliche relative Veränderung in %	-33	0	39	-36	-1	35
Ostdeutschland						
Anteil in %	53	14	33	55	14	31
Veränderung des Nettoäquivalenzeinkommens						
Arithmetisches Mittel in Euro	-3 092	-153	2 463	-3 072	-173	2 452
Median in Euro	-2 242	-101	1 585	-2 121	-101	1 531
Durchschnittliche relative Veränderung in %	-29	-1	41	-28	-2	35

1 Ohne Berücksichtigung von Veränderungen der Haushaltsstruktur.
2 Ohne ehemalige Arbeitslosenhilfe-Bezieher, die im folgenden Jahr erwerbstätig geworden beziehungsweise in Rente gegangen sind.
3 Alle Sozialhilfe-Empfänger, die 2004 Sozialhilfe und im Jahr 2005 entweder Sozialhilfe oder ALG II erhalten haben.
4 Einkommensänderungen von weniger als 5 Prozent des Vorjahreswerts.

Quellen: SOEP; Berechnungen des DIW Berlin.   DIW Berlin 2007

Quelle Tabelle 4:

http://www.diw.de/documents/publikationen/73/76990/07-50-1.pdf [Stand: 13.11.2009]

21